MEMORANDO
SOBRE A NOVA
CLASSE ECOLÓGICA

Dados Internacionais de Catalogação na Publicação (CIP)
(Câmara Brasileira do Livro, SP, Brasil)

Latour, Bruno
   Memorando sobre a nova classe ecológica : como fazer emergir uma classe ecológica, consciente e segura de si / Bruno Latour, Nikolaj Schultz ; tradução de Monica Stahel. – Petrópolis, RJ : Vozes, 2023.

   Título original: Mémo sur la nouvelle classe écologique
   ISBN 978-65-5713-612-6

   1. Ecologia política I. Schultz, Nikolaj. II. Título.

   22-122420   CDD-320.58

Índices para catálogo sistemático:
1. Ecologia política 320.58
Cibele Maria Dias – Bibliotecária – CRB-8/9427

MEMORANDO SOBRE A NOVA CLASSE ECOLÓGICA

OBJETIVO: COMO FAZER
EMERGIR UMA CLASSE
ECOLÓGICA, CONSCIENTE
E SEGURA DE SI

DE: BRUNO LATOUR
E NIKOLAJ SCHULTZ

Tradução de Monica Stahel

EDITORA VOZES

Petrópolis

© 2022, Editions La Découverte, Paris.

Tradução realizada a partir do original em francês intitulado *Mémo sur la nouvelle classe écologique. Comment faire émerger une classe écologique consciente et fière d'elle-même.*

Direitos de publicação em língua portuguesa – Brasil:
2023, Editora Vozes Ltda.
Rua Frei Luís, 100
25689-900 Petrópolis, RJ
www.vozes.com.br
Brasil

Todos os direitos reservados. Nenhuma parte desta obra poderá ser reproduzida ou transmitida por qualquer forma e/ou quaisquer meios (eletrônico ou mecânico, incluindo fotocópia e gravação) ou arquivada em qualquer sistema ou banco de dados sem permissão escrita da editora.

CONSELHO EDITORIAL

Diretor
Gilberto Gonçalves Garcia

Editores
Aline dos Santos Carneiro
Edrian Josué Pasini
Marilac Loraine Oleniki
Welder Lancieri Marchini

Conselheiros
Elói Dionísio Piva
Francisco Morás
Ludovico Garmus
Teobaldo Heidemann
Volney J. Berkenbrock

Secretário executivo
Leonardo A.R.T. dos Santos

Diagramação: Sheilandre Desenv. Gráfico
Revisão de original: Lorena Delduca Herédias
Revisão gráfica: Editora Vozes
Capa: Renan Rivero

ISBN 978-65-5713-612-6 (Brasil)
ISBN 978-2-35925-218-7 (França)

Este livro foi composto e impresso pela Editora Vozes Ltda.

Os autores

Bruno Latour trabalha há cerca de quinze anos com as questões de filosofia política ligadas ao que ele chama de Novo Regime Climático. Nikolaj Achultz está terminando uma tese de sociologia na Universidade de Copenhague sobre o que ele denomina classes geossociais. Nem um nem outro tem posição oficial em nenhum movimento ecológico, mas ambos têm consciência da necessidade de dar às expressões políticas da ecologia uma base mais ampla do que a mobilizada até hoje. É isso que autoriza estes dois autores a elaborarem aqui uma lista provisória dos pontos sobre os quais seria importante refletir juntos para ampliar a ação multiforme dos ativistas e de muitos responsáveis políticos. Como o estilo é de memorando, não serão encontradas nem especificações nem notas.

Memorando

A – Anotação que se faz para facilitar a lembrança de alguma coisa; por metonímia, caderno, bloco onde se anota o que se quer lembrar.

B – Anotação escrita sobre um assunto importante por um representante diplomático expondo, ao governo junto ao qual ele é credenciado, o ponto de vista de seu próprio governo sobre determinada questão.

Sumário

I – Lutas de classes e lutas de classificação, 11

II – Uma prodigiosa extensão do materialismo, 20

III – A grande inversão, 30

IV – Uma classe novamente legítima, 39

V – Um desalinhamento dos afetos, 46

VI – Um outro sentido da história num outro cosmo, 56

VII – A classe ecológica é potencialmente majoritária, 65

VIII – A indispensável e por demais abandonada luta pelas ideias, 75

IX – Conquistar o poder, mas qual?, 86

X – Preencher por baixo o vazio do espaço público, 98

Posfácio da tradução inglesa – Será a ecologia sempre política, como tem sido?, 113

I
Lutas de classes e lutas de classificação

1

Sob que condições a ecologia, em vez de ser um conjunto de movimentos entre outros, poderia organizar a política em torno de si? Poderá ela aspirar a definir o horizonte político tal como fizeram, em outros períodos, o liberalismo, depois os socialismos, o neoliberalismo e por fim, mais recentemente, os partidos iliberais ou neofascistas cuja ascendência não para de crescer? Poderá ela saber pela história social como emergem os novos movimentos políticos e como ganham a luta pelas ideias bem antes de conseguir traduzir seus avanços em partidos ou eleições?

2

É urgente dar mais consistência e mais autonomia à ecologia, haja vista a derrocada da "ordem internacional", a imensidão da catástrofe em curso, a insatisfação geral com a oferta política dos partidos tradicionais revelada, entre outras, pela imensidade da abstenção. Ora, é verdade que existem movimentos ecológicos e até partidos que fazem disso sua bandeira, no entanto eles estão longe de ser os que definem em torno de si, à sua maneira e *em seus próprios termos* as frentes de luta que permitem identificar o conjunto dos aliados e dos adversários da paisagem política. Várias décadas após seu início, continuam dependentes das antigas clivagens, o que limita sua busca de alianças e diminui sua liberdade de manobra. A ecologia política, se quiser existir, não deverá deixar-se definir por outros e deverá detectar, por si mesma e para si mesma, as novas fontes de injustiça que detectou e as novas frentes de luta que identificou.

3

Por se apoiar na preocupação com uma natureza conhecida pela Ciência e exterior ao mundo social, a ecologia baseou-se demasiado longamente numa versão *pedagógica* de sua ação: sendo conhecida a situação catastrófica, a ação se seguiria necessariamente. No entanto, tornou-se claro que o apelo à "proteção da natureza", longe de encerrar ou de desviar a atenção dos conflitos sociais, acabou, ao contrário, por multiplicá-los. Dos Coletes Amarelos na França às manifestações de jovens, passando pelos protestos dos agricultores na Índia, pelas comunidades autóctones que resistem à fratura hidráulica na América do Norte, ou pela discussão sobre o impacto dos veículos elétricos, a mensagem é clara: os conflitos proliferam. Falar da natureza não é assinar um tratado de paz, é reconhecer a existência de uma multidão de conflitos sobre todos os assuntos possíveis da existência cotidiana, em todas as escalas e em todos os continentes. Longe de unificar, a natureza divide.

4

Curiosamente, as preocupações ecológicas – pelo menos o clima, a energia e a biodiversidade – tornaram-se onipresentes. A multidão de conflitos não tomou a forma, pelo menos por enquanto, de uma mobilização geral, como conseguiram fazer, nos últimos séculos, as transformações desencadeadas pelo liberalismo e pelo socialismo. Nesse sentido, a ecologia está ao mesmo tempo em todo lugar e em lugar nenhum. Neste momento, parece que é a imensa diversidade de conflitos que impede que se dê uma definição coerente a essas lutas. Ora, essa diversidade não é um defeito, mas um trunfo. É que a ecologia está envolvida numa exploração geral das condições de vida que foram destruídas pela obsessão unicamente pela produção. Para que o movimento ecológico ganhe em consistência e autonomia, e para que isso se traduza por um avanço histórico comparável aos do passado, é preciso que ele reconheça, abrace, compreenda e represente eficazmente seu projeto, juntando todos esses conflitos numa unidade de ação compreensível por todos. Para isso, é preciso antes de tudo aceitar que a ecologia implica a divisão; depois oferecer uma cartografia convincente dos novos tipos de conflito que ela gera; e, finalmente, definir um horizonte comum para a ação coletiva.

5

Se é verdade que a ecologia está ao mesmo tempo em todo lugar e em lugar nenhum, também é verdade que, por um lado, se abre uma situação de conflito sobre todos os temas e que, por outro, reina uma espécie de indiferença, de irenismo, de espera e de falsa paz. Cada publicação do Giec[1] acarreta reações exaltadas, mas, como nas óperas, os cantos guerreiros, "Avante, avante, antes que seja tarde demais!", não deslocam os coros por mais de alguns metros. "Tudo deve mudar radicalmente", e nada muda.

---

[1] Groupe d'experts intergouvernemental sur l'évolution du climat (Grupo de peritos intergovernamental sobre a evolução do clima) [N.T.].

Portanto, se é fundamental reconhecer um estado de guerra generalizada, é preciso admitir, contudo, que por enquanto é difícil traçar fronteiras muito nítidas entre os amigos e os inimigos. A respeito de inúmeros assuntos, nós mesmos estamos divididos, ao mesmo tempo vítimas e cúmplices. Ao passo que no século passado era possível traçar, se bem que grosseiramente, os conflitos de classes que permitiam, por exemplo, votar em partidos de ideologias reconhecíveis, hoje é difícil fazê-lo uma vez que o estado de guerra ecológica não está claro. Como falar em conflitos de classes se é a própria classe ecológica que não está claramente definida?

6

É sempre um pouco temerário reutilizar a noção de "classe". Por isso deve-se resistir à tentação de invocar cabalmente a noção de "luta de classes", mesmo reconhecendo que, no século passado, ela foi capaz de prestar grande serviço ao simplificar e unificar as mobilizações. A vantagem dessa noção era permitir a delimitação da estrutura do mundo social e material, fazendo avançar dinâmicas políticas sob forma de conflitos sociais e de formação de experiências e de horizontes coletivos. Seu papel no decorrer da história era claramente *descritivo* e também *performativo*: embora pretendesse descrever a realidade social permitindo às pessoas que se posicionassem na paisagem que habitavam, ela nunca era separada de um projeto de transformação da sociedade. Falar de "classe", portanto, é sempre perfilar-se para a batalha. Do mesmo modo, falar em fazer emergir uma "classe ecológica" é forçosamente oferecer, ao mesmo tempo, uma nova *descrição* e novas *perspectivas* de ação. A operação de classificação, para essa classe em formação que denominamos "ecológica", é necessariamente performativa. Daí a utilidade de reutilizar o termo, mesmo que ele acarrete muita confusão.

7

É tão difícil reutilizar a noção de "luta de classes" porque ela se tornou, por causa da questão ecológica, uma luta de *classificações*. Ninguém está de acordo sobre o que compõe a classe de que faz parte. Pessoas que pertencem à mesma classe (no sentido social ou cultural clássico) sentem-se completamente estranhas a seus pares quando aparecem os conflitos ecológicos; inversamente, outras reconhecem como seus "irmãos de luta" ativistas que pertencem, do ponto de vista social ou cultural, a formas de vida totalmente diferentes. Daí o efeito de desorientação que explica grande parte da atual brutalização da vida pública: sobre assuntos ecológicos, tanto aliados como adversários não se alinham claramente. É enraivecedor. Para fazer emergir uma classe ecológica é preciso, portanto, aceitar essa *luta sobre as classificações* e encontrar critérios de distinção que atravessem ou às vezes, ao contrário, coincidam com os tradicionais conflitos de classe. Apesar da sombra da tradição da "luta de classes", a ecologia política não pode poupar-se dessa incerteza quanto aos pertencimentos de classe.

Deve questionar incessantemente: "Quando as discussões dizem respeito à ecologia, de quem você se sente próximo e de quem se sente terrivelmente distante?" Esse é o preço de uma eventual "consciência de classe".

II
Uma prodigiosa extensão do materialismo

8

Se quiser tornar-se autônoma, a ecologia deverá dar um novo sentido ao termo classe. Ora, por enquanto a classe ecológica continua temendo não saber situar-se em sua relação com as lutas dos dois séculos passados. Por exemplo, é fácil intimidá-la acusando-a de não ser suficientemente de "esquerda". Enquanto esse ponto não for elucidado, ela jamais saberá como definir suas lutas por e para si mesma. No entanto, há realmente uma continuidade histórica com as lutas das sociedades para resistir à economização de todos os vínculos. Por contestar a noção de produção, deve-se até mesmo dizer que a classe ecológica amplia consideravelmente a recusa geral em autonomizar a economia *à custa* das sociedades. Nesse sentido, não há dúvida, ela é realmente de esquerda, e até *rigorosamente*.

9

Entretanto, a situação não é a mesma quando se trata de alinhar-se à tradição das "lutas de classes", cuja formulação é profundamente ligada à noção e ao ideal da produção. Embora seja sempre tentador fazer uma situação nova entrar num esquema reconhecido, é prudente não se precipitar para afirmar que a classe ecológica simplesmente prolonga as lutas "anticapitalistas". A ecologia tem razão em não deixar que seus valores sejam ditados pelo que se tornou, em grande parte, uma espécie de reflexo condicionado. É importante, portanto, acabar com essa querela e compreender por que, nesse aspecto, não há necessariamente continuidade. É o grão de verdade que está no clichê "nem direita nem esquerda" e que nada tem a ver com a "suplantação" dos ideais socialistas.

10

Muitos analistas retrabalharam sucessivamente a noção de classe à medida que o tecido social foi mudando de forma ao longo do século XX, porém Marx continua sendo um guia para quem se aventura nesse terreno. A "teoria das classes" ofereceu, durante um período histórico bem preciso, uma bússola que dava às pessoas um sentido claro do que lhes permitia subsistir, onde se situavam na paisagem social e com quem lutavam. No sentido moderno dos termos, "classe", "interesses de classe" e "lutas de classes", sem esquecer a tão contestada "consciência de classe", foram utilizados para descrever como pessoas diferentes compartilhavam ou não suas condições de subsistência com outras; como grupos sociais ocupavam posições diferentes numa paisagem material e social estratificada; enfim, como as relações antagônicas entre os interesses desses grupos os faziam inevitavelmente se enfrentarem em conflitos sociais e políticos. Por isso foi tão grande a influência dos socialismos sobre a sociologia e a cultura políticas. Tal como o liberalismo, o marxismo dava um sentido à história. Se a classe ecológica quiser existir, deverá pelo menos agir *de modo igualmente certo* e, particularmente, definir também ela o sentido da história – mas de *sua* história!

11

A contribuição da definição marxista de classe está na compreensão das condições *materiais* das quais as condições sociais são apenas a expressão. Se a bússola de Marx era útil, é porque se baseava numa descrição relativamente clara dos processos necessários à continuação da sociedade. Ela começa por uma *descrição* dos mecanismos pelos quais as sociedades são reproduzidas; depois *classifica* a maneira pela qual os atores são situados de modo antagônico nesse processo de reprodução. É nesse sentido que a análise com base em classes pode ser considerada *materialista*. Se a classe ecológica quiser herdar essa tradição, deverá então aceitar essa lição da tradição marxista e definir-se, *também ela*, com respeito às *condições materiais* de sua existência. A nova luta de classes deverá basear-se numa abordagem tão materialista quanto a antiga. É com relação a esse ponto essencial que há de fato continuidade.

12

Mas acontece que *já não é a mesma materialidade!* É daí que vem a descontinuidade relativa entre as tradições socialistas e o que se trata de fazer emergir hoje. Assim como há um conflito quanto às classificações, há conflito quanto ao que constitui uma análise materialista das condições de existência. A sobrevivência e a reprodução humanas eram para Marx o princípio primeiro de todas as sociedades e de sua história. Assim, a etapa inicial de toda análise da sociedade humana e da história era necessariamente dar conta das condições materiais – o que os seres humanos comiam, a água que bebiam, as roupas que vestiam, as casas em que moravam etc. – que permitem que as sociedades e os coletivos humanos subsistam, assim como dos processos que os fizeram nascer. É a produção dessas condições materiais de reprodução que Marx considerava o fundamento da história social. Mas antes de tudo era da reprodução *dos humanos* que se tratava. Ora, encontramo-nos hoje numa configuração histórica completamente diferente. Já não estamos na mesma história. A produção já não define nosso único horizonte. E, principalmente, já não é com a mesma *matéria* que nos vemos confrontados.

13

O que acontece quando é a própria definição da existência material que está mudando? Pensando quase exclusivamente do ponto de vista de *produção* e *reprodução*, a bússola socialista não pode dar conta da maneira pela qual a paisagem das classes muda de forma atualmente. Tal como ocorreu por ocasião do nascimento da civilização mecânica, o Novo Regime Climático nos obriga hoje a *redescrever* os processos pelos quais as sociedades se reproduzem e continuam a existir. Mais uma vez: "Tudo o que tinha solidez e permanência se desfaz em fumaça". Como no século XIX, assistimos atualmente a uma enorme transformação da infraestrutura material das sociedades. Isso nos obriga a não mais nos basearmos apenas em antigas descrições para responder à questão sobre como os coletivos continuam subsistindo, como seus meios de subsistência a longo prazo podem se manter e como sua história deve ser escrita. A análise com base em classe ecológica continua sendo materialista, mas deve voltar-se para outros fenômenos que não apenas os da produção e da reprodução unicamente dos seres humanos.

14

Logo depois da Segunda Guerra Mundial, esses sistemas de produção se aceleraram tão intensamente que desestabilizaram os sistemas da Terra e do clima. Os termos "antropoceno" ou "grande aceleração" o resumem muito bem. Agora assistimos à maneira pela qual as mudanças climáticas intensificam ou metamorfoseiam dramaticamente as forças que garantem a continuidade e a sobrevivência das sociedades. O sistema de produção tornou-se sinônimo de *sistema de destruição*. O que significaria uma análise marxista que se concentrasse também na reprodução dos não humanos? Ser materialista, hoje, é levar em conta, além da reprodução das condições materiais favoráveis aos seres humanos, as condições de habitabilidade do planeta Terra. Estas obrigam a considerar não apenas o que a *economia política* dos partidos tradicionais tentava simplificar sob o nome de *recurso*, mas uma nova realidade material do planeta. A economia dirigia a atenção para a mobilização de recursos com vistas à produção, mas haverá uma economia capaz de se *voltar* para as condições de habitabilidade do mundo terrestre? Em outras palavras, *voltar as costas* para essa atenção exclusiva à produção para reincrustá-la na busca das condições de habitabilidade? É essa a implicação da nova classe ecológica. Quanto a isso, compreende-se, é grande a descontinuidade em relação à tradicional "luta de classes".

15

Essa discordância sobre a análise materialista das classes permite, afinal, compreender até que ponto a análise baseada em classe ecológica *prolonga* e *renova* as lutas tradicionais da esquerda – mas à sua maneira. Trata-se de se desviar dessa atenção exclusiva à produção para ampliar a *resistência da sociedade* (retomando a expressão de Karl Polanyi) à economização. Determinadas lutas do século XX eram evidentemente inspiradas pela tradição marxista, mas muitas outras se travavam simplesmente em nome da recusa da extensão da produção e contra a insuportável pretensão que ela sempre teve de se desincrustar do resto da vida social. Como diz Lucas Chancel: "A abolição da escravidão, a seguridade social, o direito de voto para todos, a educação gratuita não são propriamente questões de organização da produção material". Eram as expressões vitais da impossibilidade, para uma sociedade humana, de se deixar definir unicamente pela economicização. Por conseguinte, criticar certos limites do materialismo de inspiração marxista também permite renovar as múltiplas tradições de luta contra a economização. Salvo essa *nuance*, na verdade decisiva, a classe ecológica pode alegar, portanto, que está retomando, ampliando-a, a história da esquerda emancipadora. O sinal de que essa retomada de fato ocorreu, é que os militantes ecologistas são agora assassinados em maior número do que os sindicalistas.

III
A grande inversão

16

Resumindo a situação atual, pode-se dizer que agora todo o mundo compreendeu que seria necessária uma ação decisiva para opor-se à catástrofe, mas que faltam mediação, motivação, uma direção que permita agir. Fala-se demasiado em "revolução", em "transformação radical", em "colapso", mas observa-se que nada vem traduzir essas angústias em um programa de ação mobilizadora à escala do que está em jogo. Nesse sentido, o apelo à ação em nada se assemelha ao que nossos predecessores possam ter conhecido em período de guerra ou por ocasião dos episódios de reconstrução, de desenvolvimento ou de globalização. As energias influenciavam os ideais eficazmente; compreender a situação era suficiente para mobilizar. Hoje, a certeza da catástrofe parece mais *paralisar* a ação. Pelo menos, não há *alinhamento* instintivo entre as representações do mundo, as energias a serem desencadeadas, os valores a serem defendidos. Ao contrário, todos os instintos voltam-se para a "retomada" da maneira, idêntica à antiga, de conceber a produção. É dever da classe ecológica diagnosticar a origem dessa paralisia e buscar um novo alinhamento entre as angústias, a ação coletiva, os ideais e o sentido da história.

17

Começa-se a compreender as origens da paralisia quando se percebe que a própria *direção* da ação se inverteu. Simplificando, pode-se dizer que as energias, há dois séculos, mobilizam-se facilmente quando se trata de *aumentar* a produção e de tornar *um pouco menos injusta* a distribuição das riquezas assim obtidas. Claro que foram inúmeros os conflitos entre as diversas formas de liberalismo e as múltiplas tradições socialistas, mas era contando com a base de um *acordo completo* para aumentar a produção. Os desacordos referiam-se mais à distribuição justa de seus frutos. O desenvolvimento caminhava indiscutivelmente no sentido da história, e sempre era possível contar com as energias desencadeadas por esta palavra de ordem: "Em frente!" Ora, hoje, vista a partir do modelo antigo, a palavra de ordem aparece mais como: "Recuar!" De repente o aumento da produção, a própria noção de desenvolvimento, a de progresso aparecem como aberrações às quais é preciso remediar. Associar a produção à *destruição* das condições de habitabilidade do planeta acarreta uma crise das capacidades de mobilização. Não é de surpreender, portanto, que a enormidade das ameaças previstas pelos especialistas tenha tão pouco efeito prático. É o equipamento mental, organizacional, administrativo, jurídico, por tanto tempo associado ao desenvolvimento, que não engrena porque foi feito para dirigir a atenção para o que se tornou um beco sem saída. Hoje, a direção dos negócios mudou visivelmente, mas o novo equipamento que permitiria passar à ação ainda não foi elaborado. Estaciona-se na angústia, na culpa, na impotência. É papel da classe ecológica fornecer esse equipamento.

18

A inflexão decisiva é dar prioridade à manutenção das condições de habitabilidade do planeta e não ao desenvolvimento da produção. Nesse sentido, não se trata de apenas limitar o "produtivismo", mas, como propõe Dusan Kazik, de se desviar completamente do horizonte da produção como princípio de análise das relações entre os humanos e entre os humanos e aquilo de que aprendem a depender. Na verdade, o inconveniente da atenção exclusiva à produção era o de reduzir tudo o que é necessário a seu movimento ao simples papel de recursos. Ora, o planeta engendrado pelos seres vivos no decorrer dos milênios envolve, contém, permite, autoriza, garante bem mais do que recursos para a ação humana. Conforme mostra a longa história da Terra, foram os seres vivos que permitiram a continuidade da existência terrestre que eles próprios criaram no decorrer dos bilhões de anos – clima, atmosfera, solo e inclusive oceanos. O sistema de produção é apenas uma parte, e não a mais importante, desse conjunto; de central que era, transformou-se em limitado; a periferia, em contrapartida, tomou todo o espaço. O sistema de produção encontra-se de fato incrustado, envolvido numa organização totalmente diferente que faz a atenção voltar-se para práticas que favoreçam o *engendramento* necessário à manutenção das condições de vida – ou que as destruam. Produzir é juntar e combinar, não é engendrar, ou seja, fazer nascer por meio de cuidados a continuidade dos seres dos quais depende a habitabilidade do mundo. Em vez da estranha metáfora do desenvolvimento, seria mais útil, para captar essa inversão, falar de *envolvimento*: todas as questões de produção são contidas, involucradas nas práticas de engendramento de que elas dependem. Estamos habituados a compreender o crescimento como o único meio de resolver nossos problemas, esquecendo as destruições que ele causa, ao passo que a *prosperidade* sempre dependeu das práticas de engendramento. Não se trata de "decrescer", mas de, finalmente, prosperar. Entretanto, ainda não há nenhum reflexo condicionado, nenhum instinto, nenhum afeto que traduza essa virada a ponto de se ter tornado o novo senso comum.

19

Os conflitos de classes, organizando a história dos dois últimos séculos em torno apenas da produção e da distribuição de seus frutos, deixaram de enxergar, voluntária e sistematicamente, os *limites* das condições materiais do planeta. Por conseguinte, a classe ecológica já não pode definir-se unicamente pela análise do *modo de produção*. O ponto de clivagem que opõe a classe ecológica a todas as outras é o fato de ela pretender *restringir* o espaço das relações de produção, enquanto as outras pretendem *estendê-lo*. O sedutor eufemismo "transição" destaca da pior maneira possível o que é na verdade uma violenta inversão. É nessa tensão que se situa a nova luta de classes. A questão-chave não é, como antes, unicamente a dos conflitos de classes *no interior* do sistema de produção, mas a da *relação necessariamente polêmica* entre manutenção das condições de habitabilidade e sistema de produção. É essa tensão de *segunda ordem* que constitui toda a novidade da situação. As classes canônicas, as de Marx e dos liberais – as classes dependentes de uma leitura "economicizada" da história –, submetem as questões da habitabilidade às relações de produção, ao passo que a classe emergente *faz o inverso*. Sob a luz da ordem moderna, ela revela as verdadeiras clivagens. Sob a luta de classes, uma outra luta de classes.

20

A classe ecológica em luta por sua definição independente da produção acrescenta às relações de produção, portanto, as práticas de engendramento que sempre definiram o *exterior* da atividade humana, uma vez que sempre *envolveram* e *circunscreveram* as relações de produção, tornando-as possíveis. Segundo a definição de Pierre Charbonnier, ela se define pela junção do mundo *no qual se vive* com o mundo *do qual se vive* num mesmo espaço. Ela acrescenta então à produção a volta das condições de habitabilidade nas quais a vontade de produzir sempre esteve incrustada. Embora a definição das classes *sociais* sempre dependesse, na realidade, da questão-chave da reprodução (conforme se observa mesmo em Marx), o peso da economização levou tanto as tradições marxistas quanto as liberais a negar ou a minimizar sua importância. A luta de classes sempre foi, e atualmente volta a ser de modo explícito, um conjunto intrincado de conflitos *geossociais* aos quais a formatação pela economização já não se adapta, por não poder dar espaço aos *terrestres* – inclusive humanos.

IV
Uma classe novamente legítima

21

A classe ecológica é, portanto, aquela que se encarrega da questão da habitabilidade. Por conseguinte, ela tem uma visão mais ampla, mais longa, mais complexa da história e até mesmo da geo-história. O que aparecia antes como um recuo, como um movimento para trás, quase como uma posição "reacionária", torna-se agora uma imensa *expansão* da sensibilidade para as condições necessárias à vida. Por isso a classe ecológica entra em conflito com as antigas classes que foram incapazes de entender as condições reais de seus projetos. Nem o liberalismo nem o socialismo tinham levado em conta seriamente suas condições de habitabilidade – e os neofascistas menos ainda. Nesse sentido, a classe ecológica, por enxergar mais longe, por levar em conta um maior número de valores, por estar disposta a lutar para os defender num maior número de frentes, pode ser considerada *mais racional* do que as outras classes, no sentido que Norbert Elias dá a esse adjetivo. Ela aspira, então, a retomar o *processo de civilização* que as outras classes abandonaram ou traíram. Seja como for, trata-se do seguimento a ser dado à civilização.

22

Assumir a responsabilidade, por cada indivíduo, cada território, pelo mundo no qual vivemos voltando a ligá-lo explicitamente ao mundo do qual vivemos *estende o horizonte* da ação. É essa ampliação do horizonte que autoriza a classe ecológica a se considerar *mais legítima* para definir o *sentido da história*. As outras classes, delimitadas unicamente pelo horizonte da produção e dos Estados nacionais, persistem em continuar negando a importância das práticas de engendramento. Prosseguindo o paralelo sugerido por Elias, tal como a classe burguesa, durante sua ascensão, difamou a aristocracia por sua visão demasiado estreita de seus valores, também a nova classe ecológica contesta a legitimidade das antigas classes dirigentes, paralisadas pela crise, incapazes de encontrar uma solução creditável para a sorte da política moderna. É disso que essa nova classe extrai sua energia, sua potencial capacidade de união e, em suma, *sua altivez*.

23

Ao assumir a definição do que é racional para mudar o curso da história, a classe ecológica obsta às atuais classes dirigentes o papel do que Bruno Karsenti denomina *classe-pivô*, a classe em torno da qual se organiza a distribuição das posições políticas. A ecologia está saindo, então, de sua infância, está deixando de ser um movimento adventício e, principalmente, deixando de se identificar tendo por referência as antigas classes sociais encerradas unicamente nas relações de produção. Ela se vê no direito de criticar as classes até hoje "dirigentes" por não terem sabido detectar os limites da produção restringindo a economização, nem preparar o deslocamento para as práticas de engendramento, nem encontrar uma solução que não fosse simplesmente nacional. Por definição, ela modifica a distribuição entre política interna e política externa: a terra externa volta à política interna. Em termos clássicos, pode-se dizer que a tradição liberal, amplamente partilhada pelas tradições socialistas, *traiu* seu próprio projeto de desenvolvimento e de progresso. Diante da extensão da catástrofe que não souberam prever, essas classes dirigentes já não têm nenhum direito de pretender agir *em nome de qualquer racionalidade*. Por essa razão, já não têm nenhuma legitimidade para definir o sentido da história e atribuir-se o *respeito* das outras classes que até agora elas afirmavam arrastar atrás de si. Daí o escárnio que suscitam por parte das outras classes. A ampliação do horizonte da ação fora da produção e fora do esquema definido pelos Estados-nações, essa é doravante a tarefa da classe ecológica em vias de formação. É por meio desse projeto que ela também pode, por sua vez, ter a esperança de arrastar as outras classes atrás de si.

24

Essa reorientação deve ficar clara o mais depressa possível, porque a traição das classes dirigentes liberou muitos movimentos, em reação, que se puseram a reivindicar um apego à identidade, buscando a proteção no interior das fronteiras mais ou menos estreitas, de acordo com o modelo antigo, "da terra e dos mortos". Ora, o território, assim estritamente definido, ainda está longe da direção a ser tomada, uma vez que a negação das condições de habitabilidade é nele mais radical ainda do que o sonho de globalização em que as antigas classes dirigentes pretendiam instalar a modernização. O solo dos reacionários é ainda mais abstrato e estéril do que o dos globalizadores. É definido apenas pela identidade, pelos mortos, e não pelos inúmeros vivos que lhe dão consistência. A classe ecológica, então, precisa lutar pelo menos em duas frentes, contra a globalização ilusória e contra a volta ao interior das fronteiras, uma vez que os dois movimentos são desconectados das questões de habitabilidade. Nos dois casos, ela é obrigada a redefinir a natureza dos territórios, de tudo o que cerca, permite, restringe e controla a produção. Para ela, é dividindo de maneira diferente o interior e o exterior que ela pode esperar convencer outros setores das antigas classes a se aliarem com eles para descobrir outras maneiras de promover seus interesses.

25

A classe ecológica, em luta com as antigas classes-pivô, se reconhece, portanto, no direito de definir, de seu próprio ponto de vista e à sua maneira, os termos solo, território, país, nação, povo, apego, tradição, limite, fronteira e de decidir por si mesma o que é progressista e o que não é. Recusa que a acusem de ser "reacionária", sob pretexto de que ela renova os termos território e solo que ela *repovoou* completamente de uma multidão de seres vivos. Pretende, ao contrário, dar outro sentido ao eixo que define o que faz seus projetos avançarem ou o que, ao contrário, os faz recuarem. Simplificando, tudo o que permite *sobrepor* o mundo no qual se vive e o mundo do qual se vive no mesmo conjunto jurídico, afetivo, moral, institucional e material será dito *progressista*, ou melhor, *emancipador*; tudo o que enfraquece, ignora ou nega esse vínculo de sobreposição será dito *reacionário*. Por conseguinte, é o conjunto das classes modernizadoras que aparece como radicalmente *ultrapassado*.

V
Um desalinhamento dos afetos

26

Os observadores surpreendem-se há muito tempo pelo fato de que nem as certezas nem as ameaças acarretaram mobilização de massa compatível com a escala e o grau de urgência. No entanto, os alertas soam há quarenta anos; há vinte anos eles verrumam os ouvidos de todo o mundo; e desde a última década – particularmente durante o último ano – a ameaça tem sido marcada a ferro em brasa na experiência direta de milhões de pessoas. De onde vem então essa pane nas reações? Não basta invocar as campanhas de desinformação, o poder dos *lobbies*, a inércia das mentalidades. Tudo isso jamais impediu que milhões de ativistas se lançassem vigorosamente em suas batalhas; eles compreenderam que se mobilizar é, por definição, enfrentar esse tipo de inimigos. O que é preciso compreender é por que essas oposições bastante previsíveis conseguem intimidar a imensa maioria, desconfortável, aparvalhada por não conseguir agir. Há nessa *drôle de guerre*[2] indefinidamente prolongada algo tão contrário à capacidade usual de responder a uma ameaça evidente que é preciso continuar a buscar que equipamento seria necessário para enfim traduzir certeza, culpa e constrangimento em mobilização geral.

27

No século passado, os valores mobilizadores por excelência eram os da prosperidade, da emancipação, da liberdade. Assim que se agitassem essas bandeiras, que se designassem esses alvos, o mais

---

2 Literalmente, "guerra estranha" ou "guerra ridícula". Expressão que designa o período inicial da Primeira Guerra Mundial, em que, apesar de declarada a guerra, não havia combates [N.T.].

fraco dos cidadãos sentia-se um cabo de guerra. Eram esses afetos poderosos que tinham lançado as classes antigas no desenvolvimento da produção e nas promessas de riquezas e de liberdade que eles faziam reluzir. Como é possível elas se entusiasmarem se de repente lhes dizem que esses valores de prosperidade, de emancipação e de liberdade precisam ser completamente reformulados? Enquanto essas emoções não tiverem sido redirecionadas, a ecologia terá seus avanços sempre interrompidos pelas acusações de enfado, de limitação, de recuo. Como é possível a ecologia soar o alarme e pretender mobilizar as multidões "para diante", fiel às tradições "progressistas", se o que ela questiona é o próprio progresso? Nunca poderá resistir ao rótulo de "ecologia punitiva". Voltar-se para a manutenção das condições de habitabilidade ainda não é associado a nada muito entusiasmante. Onde está a garantia de prosperidade? Onde está a promessa de continuar a emancipação? Como manter o ideal de liberdade? Como passar subitamente das promessas do desenvolvimento àquelas ainda fluidas do envolvimento? De fato, é de esfriar qualquer veleidade de mobilização.

28

Daí a importância de redefinir de modo diferente os afetos ligados à liberdade que mudaram incessantemente no decorrer da história. As concepções *negativas* da liberdade – o que permite ao indivíduo escapar às pressões e ao mando dos governantes –, assim como as concepções *positivas* da liberdade – o que permite as comunidades viverem juntamente de maneira autônoma –, dependem de uma *delimitação* prévia dos indivíduos e das comunidades humanas que já não tem sentido nenhum quando o mundo do qual se vive exige ser incluído no mundo no qual se vive. Emancipar-se muda de significado quando se trata de habituar-se a, enfim, *depender* do que nos faz viver! A ecologia ressitua o lugar e a concepção dos *limites*: por um lado, ela refuta a paixão moderna de transposição contínua das barreiras, uma vez que precisa tentar "manter-se dentro dos limites" do invólucro do sistema Terra; por outro, ela descobre, pelas ciências desse mesmo sistema Terra, quanto os limites são mal conhecidos e como podem ser *contornados*. Sobre todas as questões e em todas as escalas, as dos Estados-nações tanto quanto dos grupos humanos ou dos organismos vivos, é sobre os limites das antigas noções de limite que ela faz incidir seu esforço de inventário e de retomada. Por "emancipação" a ecologia entende, pois, libertar-se do registro estreito das ideias de liberdade, exploradas tanto pelos liberais como pelos socialistas, no contexto unicamente da produção a serviço dos humanos.

29

O mesmo ocorre com as noções, aparentemente contrárias, de pertencimento, identidade, apego, localidade, solidariedade, vida coletiva, comum, frequentemente associadas, devido à história anterior das classes, ao solo, ao povo, à nação. Mas o solo no qual aterrissam os antigos Modernos não tem de modo algum as mesmas propriedades, as mesmas componentes, a mesma "natureza", a mesma "identidade" daquele que os progressistas à antiga afirmavam deixar atrás de si. Nada impede, portanto, *reinvesti-las* de um novo sentido positivo. Nesse novo aprendizado da dependência há uma oportunidade de redefinir a emancipação e a busca de autonomia. Quanto mais dependemos, tanto melhor. Mas como é contrária a nossos hábitos essa busca dos "vínculos que libertam"!

30

A classe ecológica reassume e pretende herdar valores de liberdade e emancipação, mas deve investi-los de um sentido finalmente compatível com suas condições práticas que as noções de produção e de distribuição mais ou menos justa das riquezas haviam deixado de lado. Se é verdade, conforme afirma Karl Polanyi, que a terra, o trabalho e a moeda são inalienáveis e *inapropriáveis*, isso significa que, ao privilegiar a manutenção da habitabilidade, a classe ecológica finalmente encontra de novo seus *verdadeiros proprietários*! A propriedade não é a dos seres humanos sobre um mundo, mas de um mundo sobre os seres humanos. São eles que, por construção, são "senhores e possuidores da natureza"... São os seres vivos que, por definição, *possuem a si mesmos* uma vez que *fizeram a si mesmos* e pouco a pouco engendraram o planeta Terra – ou pelo menos sua minúscula parte habitável – por um processo justamente chamado *sui generis*, que engendrou a si mesmo.

31

Assim, a natureza não é uma vítima a ser protegida; ela é o que nos possui. É o sentido do lema dos *zadistes*[3]: "Somos a natureza que está se defendendo"... Não

---

3 De Zad (Zone À Défendre – zona a ser defendida). O *zadiste* é um militante cuja ação consiste basicamente em se instalar em determinadas zonas em protesto contra sua ocupação [N.T.].

temos de nos arrepender diante de pobres vítimas, mas de suportar uma dura reocupação por nossos verdadeiros proprietários... Dessa alteração, um exército de juristas tem observado as consequências, até na legislação. As práticas de engendramento que permitem manter, ampliar e reparar a habitabilidade das condições de vida voltam a se tornar o que convém descobrir e cuidar. O que vivemos é justo o contrário do famoso episódio das *enclosures*[4]. De repente, os seres humanos é que se encontram completamente involucrados, revirados e cercados – para não dizer confinados! Mas o problema é como tornar *positiva* uma tal subversão dos valores. Como transformar em *senso comum* esta frase: "Eu dependo, é o que me liberta, enfim posso agir"? Como fazer dela a nova matriz de uma concepção ampliada da solidariedade e da emancipação?

---

4 *Enclosure* foi a política adotada da Inglaterra, já no século XII mas intensificada no século XVI, de cercar as terras de uso comum transformando-as em propriedade privada [N.T.].

32

Compreende-se que, por enquanto, a mobilização tão esperada seja ao mesmo tempo inevitável e constantemente retardada. Os afetos não estão *alinhados* a ponto de criar automatismos. E o terrível é que nos falta tempo para colocá-los um por um na ordem certa. Foram necessários vários séculos para que os liberais e, depois, os socialistas inventassem os reflexos condicionados que se tornaram as engrenagens das mobilizações para o desenvolvimento. Por não haver essa renovação das componentes de uma cultura comum, criou-se uma imensa defasagem entre os valores associados às antigas classes sociais e os que a classe ecológica parece promover. Ao não se engajar o suficiente nessas batalhas, ela não libertou a cultura política de sua gama demasiado restrita de sentimentos, artes, obras, temas, imagens, narrativas. Assim, falta-lhe cruelmente uma *estética* capaz de alimentar as *paixões políticas* suscitadas pelas classes que ela combate. O Grande Incômodo[5] de que fala Amitav Ghosh parece ainda não a ter *incomodado* suficientemente! Por enquanto, a ecologia política consegue a proeza de provocar pânico nos espíritos e de fazê-los bocejar de tédio... Daí a paralisia da ação que ela suscita com muita frequência.

---

5 Em francês, Le Grand Dérangement, referência ao livro do indiano Amitav Ghosh (original em inglês: *The Great Derangement*), que aborda o imprevisto das alterações climáticas [N.T.].

VI
Um outro sentido da história num outro cosmo

33

Continuando a explorar as origens dessa impotência para agir coletivamente, encontram-se, além desse desalinhamento dos afetos, dois elementos que explicam em grande parte essas atitudes estranhas de resignação culpada, de inércia inquieta, de veleidades vagas, todas essas *paixões tristes* tão características da época. Tudo acontece como se hesitássemos quanto ao sentido da história que deveria nos conduzir. E, para complicar tudo, não temos certeza da natureza, ou melhor, da consistência do mundo no qual deveríamos atuar. Tornou-se *estranho* para nós. No sentido literal, "já não estamos em casa". Apesar de todos os movimentos e contramovimentos das épocas anteriores, pode-se dizer que elas "sabiam aonde iam", uma vez que estavam se *modernizando*. E, além do mais, coisa imensamente tranquilizadora, podiam contar com um mundo material bastante estável, previsível e conhecido. Compartilhar essas atitudes era poder reagir rapidamente desde os primeiros alertas.

34

O sentido da história não cai do céu. Conforme mostra a emergência das outras classes, é preciso fabricá-lo, difundi-lo, instalá-lo, atuá-lo. Formar pouco a pouco uma "classe operária inglesa", de acordo com a descrição de E.P. Thompson, leva um século. Lembremos a longa invenção da "modernidade" e quanta literatura foi necessária para tornar seu movimento "irreversível" e "entusiasmante". Até que ele se invertesse bem debaixo dos nossos olhos! Conforme bem documentado por Elias, o avanço de uma classe nada tem de necessário. Nenhuma Providência, nenhum *Zeitgeist*[6], conduziu os que pretendiam definir o sentido da história europeia, o que é intensamente atestado pela cegueira voluntária das "classes burguesas" para as questões de clima durante todo o século XX. Seria um grande equívoco da cultura ecológica acreditar que "o tempo trabalha por ela", independentemente do que façam seus adeptos. Foi a própria ideia de uma "frente de modernização" que perverteu todas as promessas feitas pelas classes dirigentes ao longo do século passado. Assim como não há frente inevitável de modernização, não se deve esperar uma "frente de ecologização" irreversível. Não se deve nem mesmo contar com a imensidão da catástrofe em curso para fazer os espíritos evoluírem, ao contrário do que repisa esta frase tão diabolicamente falsa: "Onde está o perigo também está o que salva". Nada nos salvará, muito menos o perigo. O sucesso dependerá inteiramente de nossa capacidade de agarrar a oportunidade.

---

6 Em alemão no original, "espírito de época" [N.T.].

35

Se as antigas classes dirigentes traíram, foi justamente porque se acreditavam portadoras de um sentido inevitável da história, de um *télos* indiscutível que as tornou insensíveis à natureza do *espaço* no qual essa história deveria se desenrolar. A reviravolta brutal dos limites planetários impede que a classe ecológica repita o erro das outras classes que se julgavam a *vanguarda* de um movimento que nada poderia entravar. Julgando encarnar o futuro *antecipadamente*, essas classes pretensamente "racionais" tornaram impossível a apreensão de seu futuro. Sem o dizer, dirigiam-se para uma utopia que rapidamente se esfiapou. O mundo ao qual a modernização levava cegamente simplesmente não existe.

36

O mais perturbador para a classe ecológica é ela ter de disputar até mesmo a ideia de um sentido, de *um único sentido* da história. A obrigação de conciliar o mundo do qual se vive com o mundo no qual se vive obriga a pensar o sentido da história, não como um movimento para diante, à maneira dos Modernos que resolviam atrás deles o passado do futuro, mas como a multiplicação das maneiras de *habitar* e de *cuidar* das práticas de engendramento, em completa indiferença ao que pertence ao passado, ao presente ou ao futuro. A história, portanto, já não é concebida como uma reunião numa frente coerente desenhando a famosa "linha do tempo", mas como uma *dispersão* em todas as direções que recupera e repara o que o antigo sentido da história tentara simplificar demais.

37

O tipo de *subversão* própria dessa classe está, portanto, tão longe quanto possível do espírito "revolucionário" do passado, com sua famosa "convergência das lutas", embora se trate, no entanto, de uma ruptura bem mais radical e bem mais revolucionária do que as visadas pelo controle apenas do sistema de produção. É então que se compreende o interesse da multiplicidade, da diversidade, da particularidade, das inúmeras lutas nas quais estão engajados os ativistas, sobre todas as questões e em todas as escalas. Como dar um único sentido a uma história que, muito ao contrário, se dobra a cada vez à lição dos vivos que têm, cada um, sua maneira de *fazer sua história* ao mesmo tempo que a nossa?

38

A unidade de ação dos períodos precedentes – pelo menos tais como os imaginamos retrospectivamente – era permitida pelo fato de que, para os modernizados, só havia um mundo material conhecido pela Ciência. Ora, a origem do problema atual é já não sermos chamados a reagir nesse mesmo mundo. Usando as palavras dos antropólogos, mudamos de *cosmologia*. É a dura experiência da atual pandemia que permite uma noção melhor disso. A estupefação de uma civilização inteira obrigada a se ajustar à presença desse vírus destaca, anuncia, reforça sua incapacidade de reagir rapidamente ao Novo Regime Climático. Diante desse Novo Regime estamos tão desarmados quanto os antigos "selvagens" apanhados pela modernização que devastava seu mundo. Doravante, os "selvagens" inadaptados, subdesenvolvidos, incapazes de reagir ao impacto dessa "desmodernização" somos nós!

39

Um Moderno em desenvolvimento sentia-se *à vontade* na natureza. Seu modelo cosmológico, para tomarmos um exemplo canônico, seria o plano inclinado de Galileu que lhe permitia calcular a lei da queda dos corpos – tudo deveria assemelhar-se a esse modelo. O que fazer se o modelo, o exemplo canônico, torna-se um vírus que não para de se espalhar de boca em boca, de contaminar, de sofrer mutações, de surpreender e que as ciências, agora no plural, longe de dominá-lo, precisam seguir suas pegadas evoluindo como ele? Para as pessoas que contavam com as reações do antigo mundo, o desnorteamento é total: já não somos seres humanos na natureza, mas seres vivos no meio de outros seres vivos em livre evolução, com e contra nós, que participam todos da mesma *terraformação*. Num mundo galileano, a epidemia seria uma crise em vias de resolução; no mundo em que vivemos, assim como ocorre com o vírus da covid, seremos obrigados incessantemente a sofrer mutações. Que terrível lição!

40

É a principal fonte da incapacidade de reagir: como se você estivesse se preparando tranquilamente para construir um muro de tijolos e de repente lhe pedissem para conter uma epidemia. Tudo se altera, tudo evolui, tudo muda. A tal ponto que você acaba duvidando da resistência ou da *consistência* do mundo. Havia um contexto que não reagia a nossas ações; ele passa a reagir, e em todas as escalas, vírus, clima, húmus, floresta, insetos, micróbios, oceanos e rios. De repente, intimidados, perdidos, desajeitados, já não sabemos, literalmente, como nos *comportar*. Um pouco como os infelizes dos quais se exige que "afinal se ponham na internet". Já não sabemos nos "pôr" em coisa nenhuma, e principalmente "nos pôr no mundo". As questões de engendramento nos ultrapassam. Estranhos em nosso próprio solo, estamos desorientados, com a intensa tentação de cruzar os braços – ao passo que tudo deveria nos impelir a agir, e depressa. Essa alteração cosmológica é, provavelmente, a fonte principal dessas paixões tristes que a classe ecológica precisa diagnosticar e para as quais precisa rapidamente inventar terapias, caso queira algum dia ter a oportunidade de exercer o poder.

VII
A classe ecológica é potencialmente majoritária

41

Compor a lista das patologias a serem tratadas não é prova de crueldade, mas, ao contrário, de realismo elementar. Enquanto as grandes massas não tiverem passado a agir para se livrar das armadilhas da produção, será preciso continuar sondando a fonte de sua inércia. Felizmente, o quadro será completamente diferente se o interesse pelas pessoas vagamente envergonhadas de seu embotamento voltar-se para aquelas que há muito tempo já se perfilaram para a batalha. Com essas finalmente será possível contar. É esse o paradoxo dessa *drôle de guerre*: por um lado a causa ecológica parece marginal, por outro, todo o mundo já mudou, de fato, de paradigma.

42

A classe ecológica dá seguimento a todas as lutas passadas que sempre revelaram novos atores até então considerados insignificantes. De fato, os participantes cujas práticas de engendramento são indispensáveis à produção só fizeram *multiplicar-se* no decorrer da história. São, portanto, aliados naturais. É esse em primeiro lugar, evidentemente, o papel dos proletários na produção da riqueza, no sentido das tradições socialistas. Em seguida aquele que os movimentos feministas revelaram ao mostrar o vínculo entre a invenção da economia e a longa opressão das mulheres. É também o que os movimentos pós-coloniais provam constantemente, demonstrando a importância das colonizações e das trocas desiguais na acumulação de riquezas. A revelação multiforme do papel e dos limites dos seres vivos e do sistema Terra *se acrescenta*, consequentemente, a essa longa série, revelando até que ponto o espaço da produção foi, e ainda é, terrivelmente *limitado*. Poderíamos reproduzir a frase de

David Graeber: "Hoje, se você mencionar os 'produtores de riquezas', todo o mundo pensará que você está falando dos capitalistas, certamente não dos trabalhadores", dizendo: "Hoje, se você mencionar os 'produtores de riquezas', todo o mundo pensará que você está falando dos capitalistas, certamente não dos seres vivos". Como se vê, os membros potenciais dos povos (ecológicos) já são imensamente numerosos, sob condição de destacar bem a continuidade entre os diferentes movimentos que os tornaram visíveis.

43

O interesse de se desabituar da exclusividade das relações de produção é também o de voltar a tecer um novo vínculo com os povos ditos *autóctones* – afinal, um quarto de bilhão de habitantes! – que souberam resistir mais ou menos violentamente à influência do "desenvolvimento". Uma aliança tanto mais importante quanto esses povos lutam *a partir do interior* dos limites dos Estados-nações para subverter sua conexão com a terra e modificam a direção temporal do progressismo, sem recorrer à antiga linha da história, multiplicando as inovações concernentes ao que pode significar a existência de um *povo que habita* uma terra. Longe de representar o passado do desenvolvimento produtivo, eles indicam usos totalmente contemporâneos das práticas de engendramento que deverão ser inventadas. A lição é amarga, mas são os antigos "selvagens" que precisam ensinar aos novos como resistir à modernização!

44

Outro fator capital para a definição dessa nova classe deve ser buscado na inversão espantosa dos vínculos de engendramento que o Novo Regime Climático estabelece *entre as gerações*. Desconectar o mundo no qual se vive do mundo do qual se vive não é, de fato, uma simples questão de espaço, mas também de tempo. Viver do futuro tem como consequência deixar recair sobre as gerações seguintes a tarefa de resolver os problemas do presente, porém mais tarde! Daí a impressão de ter sido traído pelos velhos e de se ver, no sentido próprio, *sem futuro*. O futuro foi devorado de antemão. Enquanto, no período de globalização, o "juvenismo" servia como placa de indicação para o futuro, a súbita revolta dos jovens que se sentem traídos consiste mais em considerar os velhos, e mais particularmente os *baby boomers* (os antigos "jovens"), como adolescentes mimados e imaturos. A juventude já não representa, como antes, o futuro do sistema de produção que derruba o arcaísmo dos antigos, mas, ao contrário, a *antiguidade* das questões de engendramento que as gerações mais velhas sacrificaram deliberadamente. Aí estão numerosas forças a serem recrutadas!

45

Amplas parcelas das classes intelectuais já foram conquistadas por essa extensão do horizonte que dá potencialmente à nova classe ecológica sua forma de racionalidade própria, tão contrária às pretensões "racionalistas" das antigas classes dirigentes. É o caso, evidentemente, dos cientistas engajados, por uma razão ou outra, nas novas ciências do sistema Terra e que já sofreram as grandes batalhas impostas pelos climatocéticos. É esse o caso, também, dos engenheiros, dos inventores, que tiveram seus desejos de inovação destruídos pelas exigências restritas da produção. Todas as profissões intelectuais e científicas estão dispostas a opor sua racionalidade à economia do conhecimento e à "avaliação racional" de seu trabalho. Destituíram os inovadores de suas capacidades de invenção e, também, os universitários de tudo o que lhes permitia prosseguirem suas pesquisas. Entre a pesquisa, a engenharia e as práticas de engendramento, no entanto, há milhares de vínculos que foram rompidos e que muitos "trabalhadores da prova"[7] reatariam pronta-

---

7 Em francês, *travailleurs de la preuve*, referência a *union des travailleurs de la preuve* (união dos trabalhadores da prova), ideia elaborada pelo filósofo francês Gaston Bachelard (1884-1962), em seu livro

mente. A essa lista que se prolonga incessantemente, deveriam ser acrescentados todos os ativistas, militantes, pessoas de boa vontade, cidadãos comuns, camponeses, jardineiros, industriais, investidores, exploradores com um propósito ou outro, sem esquecer todos aqueles que viram seu território desaparecer debaixo de seus olhos. Todos poderiam sentir-se participantes dessa classe em vias de formação, mesmo que, por enquanto, tenham dificuldade de reconhecer nela seus ideais. Se eles se sentissem apanhados no mesmo movimento de civilização, acabaria sendo muita gente!

46

Não nos esqueçamos de contar as religiões nessa enumeração. São forças numerosas, emoções profundas, que já souberam, no decorrer dos séculos, como transformar as almas, as paisagens, o di-

---

Le Rationalisme applicatif (1949), integrando sua afirmação de que a ciência só pode ser feita em cooperação [N.T.].

reito, as artes. O caso particular dos cristãos é interessante. Eram impelidos a deixar a terra, mas eis que sentem na ecologia um apelo que pode renovar seus dogmas. Enquanto associam "ecologia" a "paganismo" ou "imanência", os cristãos não são aliados. Quando compreendem como a ecologia os liberta de sua "teologia política", sua ajuda é preciosa. Com seu auxílio seria possível começar a desenredar a teologia política moderna, que nada tem de laica, apesar de suas pretensões, mas é um amálgama de cosmologias, teologias, formas de humanismo que é preciso aprender desenredar fio por fio. Acrescentemos então à nossa lista todos os que trabalham, ritual após ritual, para que o "Grito da Terra e dos Pobres", retomando a bela expressão (ou melhor, o grito!) do Papa Francisco, finalmente seja ouvido.

47

Ao fazer o balanço, percebe-se que a classe ecológica em vias de transformação nada tem de marginal. "Um espectro assombra a Europa e o resto do mundo: o ecologismo!" Só lhe falta *definir-se como a maioria*. Ela já é de certo modo um novo terceiro estado: um nada que aspira a ser o todo. Como ao antigo terceiro estado, só lhe falta a altivez de ter confiança em si mesma e no seu futuro – assim como algumas circunstâncias favoráveis e absolutamente contingentes para alcançar o poder... Por enquanto ela tenta se encorajar exclamando: "Somos o mundo, somos o futuro" e até mesmo, num ímpeto de audácia: "Estamos retomando o processo de civilização que os outros abandonaram". Mas atrás dela, admitamos, ainda não são tão numerosas as multidões que se reconhecem em seus lemas orgulhosos.

48

A emergência de uma classe ecológica organizando as lutas de classes em torno dela e de acordo com sua perspectiva parece ainda limitada pela extraordinária *dispersão* das forças e das experiências. Parodiando as célebres palavras: "A ecologia política, quantas *divisões*?" Mas essa dispersão é *bem-vinda* caso se trate de escapar por todos os meios ao destino aparentemente inevitável da extensão da produção. Se é preciso sempre ter cuidado com a mudança de escala, isso também é verdade em política. É preciso resistir à tentação de *unificar-se* de acordo com as formas tradicionais da oferta política que continua pretendendo, à força bruta, derrubar o obstáculo e passar para dias melhores. Em regime de vírus, não há dia melhor. Não é assim que corre o tempo dos seres vivos. Mais uma vez, a exigência de composição obriga a *desacelerar* para detectar à sua maneira as alianças a serem feitas. Nesse sentido, a ecologia política, alimentada por essa nova cultura dos seres vivos, deve prezar sua multiplicidade. É o que lhe permite explorar as alternativas em todas as direções.

VIII
A indispensável e por demais abandonada luta pelas ideias

49

Em 1789, o terceiro estado tinha uma vantagem que falta imensamente à classe ecológica. Quando o terceiro estado se tornou a nação, já *fazia cem anos* que a luta pelas ideias, em todos os meios, em todas as classes, havia, por assim dizer, "preparado os espíritos" e se insinuado no próprio centro das elites. Mas quem preparou as elites por cem anos para a transformação em curso? Houve realmente um imenso trabalho de reflexão desenvolvido por inúmeros pesquisadores, pensadores, ativistas, moralistas, militantes e poetas, mas esse trabalho não foi assumido pelos partidos denominados "verdes" e apenas aflorou as classes dirigentes. Onde estão os lugares de pensamento em que se teria conduzido passo a passo, há décadas, a luta ideológica sobre todos os temas aqui indicados? Tem-se a terrível impressão de que a luta está apenas começando. As outras classes fazem uma barulheira, saturam o espaço midiático, ocupam as revistas, as televisões, os semanários, monopolizam a formação dos agentes de Estado, multiplicam as escolas de administração e os departamentos de economia, mas onde estão os órgãos dessa classe ecológica? Nada que permita contra-atacar em escala suficiente para alcançar a *hegemonia* na luta pelas ideias.

50

E no entanto, conforme viria mostrar a história dos movimentos sociais, não há razão alguma para que o nascimento de uma classe capaz de contestar o papel de líder das outras classes desorientadas pela virada cosmológica possa ocorrer sem esse trabalho ideológico. E, portanto, *sem passar* pelo imenso trabalho de inventário cultural que as outras classes tiveram de realizar no passado para ocupar a dianteira da cena pública. Embora repisado, o tema gramsciano da "busca da hegemonia" – a "guerra de posição" a ser organizada bem antes de realizar uma "guerra de movimento" – aplica-se a essa classe em emergência e a todas as outras. Nunca os *interesses* ditos "objetivos" bastaram por si sós para fazer aparecer uma classe consciente de si mesma e capaz de convencer as outras a se aliarem a ela. Se os interesses econômicos unicamente nunca foram suficientes para se orientar nas lutas de classes, exatamente o mesmo ocorre com respeito aos "interesses ecológicos". É preciso sempre empenhar-se em lidar com *toda a cultura*. Se a classe ecológica hesitar em encabeçar essas batalhas, ela continuará sendo sempre uma rabadilha.

51

Só que é bem mais difícil para essa classe do que para as precedentes. É preciso sensibilizar toda uma população para uma mudança de cosmologia que implica um prodigioso *aumento* dos motivos de preocupação a serem levados em conta. Mesmo que todas as classes sociais tradicionais compreendessem implicitamente sua dimensão *geossocial*, ainda que as negando, é essa dimensão que volta a ser primordial, pois é para a ocupação, a natureza, o uso, a manutenção dos territórios e das condições de subsistência que doravante as lutas se dirigem. Há, portanto, uma espantosa intensificação da luta das ideias, pois o que está em questão é *do que o mundo é feito*; afinal, é de metafísica que se trata. Todos os detalhes passam a contar. Como diz Baptiste Morizot, cada matilha de lobos merece uma filosofia.

52

Essa mudança de cosmologia deve levar a classe ecológica a captar as *humanidades* partindo do zero e a buscar, por todos os tipos de mídia e de todas as formas, como essa nova terra se expressa e se sente. A história social e cultural mostra que isso é particularmente verdadeiro a respeito da importância dada em todas as épocas à cultura e às *artes*. A classe ecológica, portanto, deve imitar nesse aspecto a evolução de todas as classes que a precederam, tanto os liberalismos como os socialismos, em sua pretensão de definir o conjunto dos temas definidos pela cultura. Poesia, cinema, romance, arquitetura, nada lhe deve ser estranho. Avaliando-se a importância das artes na invenção do liberalismo ou o monopólio que a esquerda exerce na crítica da cultura, constata-se até que ponto esses recursos faltam à ecologia oficial. Por ora, os partidos ecológicos estão notavelmente ausentes da cena artística ou, pelo menos, não têm a influência artística e intelectual dos antigos partidos. No fundo é como se, já que se ocupam da natureza, pudessem deixar a cultura de lado.

53

Essa alteração de cosmologia supõe um uso das ciências muito diferente de sua forma moderna. Todos os temas de discussão sobre o sistema Terra passam pela mediação das ciências "naturais", já que estas estão em grande parte na origem da própria consciência da classe ecológica. Sem as ciências, o que saberíamos com certeza a respeito do aniquilamento do mundo? Mas nem por isso as ciências desempenham o papel de controle e garantia que puderam exercer nos períodos liberais ou socialistas, quando autorizavam a *prescindir* de política sob pretexto de que "se sabia o que fazer". As novas ciências da terra moldada pelos seres vivos mais *acompanham* a exploração das condições sempre controversas, surpreendentes do comportamento do planeta. Nesse sentido, as ciências são tão instáveis e agitadas quanto esse sistema cujas turbulências elas se puseram a seguir. Os cientistas *acrescentam* seu papel essencial de porta-vozes das coisas que experimentam aos numerosos porta-vozes que participam das controvérsias. O acesso a essas ciências e as alianças a serem feitas com os pesquisadores oferecem, então, trunfos importantes na nova luta de ideias. No entanto, novamente, estamos diante de uma imensa *expansão* das questões a serem levadas em conta. A luta pelas ideias se faz até na fabricação dos fatos. É preciso entrar nos detalhes das ciências e verificar ciosamente como esses fatos foram mais, ou menos, bem *cozinhados*. Mais uma cultura a ser desenvolvida, porém desta vez uma cultura das humanidades científicas.

54

A retomada meticulosa de toda a história moderna por causa da mudança cosmológica é tanto mais importante quanto as reivindicações atuais trazidas por esse movimento são constantemente sufocadas pelo uso de noções herdadas do período anterior, particularmente a noção de "natureza" e de "defesa da natureza". A "natureza" dos Modernos era aquilo que a produção deixava "fora" de seu horizonte e incorporava sob a forma de recurso. Portanto, ela permanecia sempre *exterior* às preocupações sociais e era preciso aceitar *sair* dos interesses da sociedade para poder cuidar de sua sorte. Definindo-se como a retomada dos vínculos entre o mundo do qual se vive e o mundo no qual se vive, a classe ecológica liberta os atores da *exterioridade radical* da natureza e, ao mesmo tempo, de sua *limitação* ao papel unicamente de recurso. Mas definir precisamente essa transformação, sair das generalidades, requer um enorme trabalho prévio e, portanto, uma infraestrutura de pesquisa em condições de funcionamento e com boa verba. Por mais que o carro esteja bem equipado, é melhor colocá-lo *atrás* dos bois – mesmo que eles avancem se arrastando com suas passadas pesadas.

55

As discussões aparentemente filosóficas sobre as metafísicas da Terra e dos seres vivos não podem ser deixadas de lado sob pretexto de serem "demasiado intelectuais" ou de obrigarem a "cortar o fio de cabelo em quatro". Nossos antecessores destrincharam cada um dos conceitos necessários ao seu domínio sobre o Estado em porções bem menores! Imagine-se a quantidade de trabalho necessário para inventar, fazer viver, conservar e manter esse monstro estranho, "o indivíduo egoísta e calculista" ou o "cidadão de um governo representativo"! Quem poderá avaliar os dois séculos necessários à invenção da "questão social", da "sociedade", do "proletariado" ou do "valor trabalho"? E pretende-se concentrar a atenção de milhões de pessoas nas condições de habitabilidade do planeta, sem preparação, sem instrumental, sem exercício. Como se a evidência da importância dos seres vivos fosse suficiente para convertê-los, dando-lhes as capacidades de discernimento indispensáveis para travar essas batalhas diplomáticas de complexidade desarmante! O risco é eles naufragarem num dilúvio de bons sentimentos sem conseguirem obter nenhuma alavanca política.

56

E, no entanto, se há uma questão em que a mudança de sensibilidade é manifesta e se torna quase universal é a compreensão dos seres vivos e a nova apreensão do biológico. Nesse aspecto, é claro que está havendo uma mudança de estética. É pleno interesse dos conflitos de classes, no sentido de Elias, que eles comecem, em primeiro lugar, por mudanças de *maneiras* – de gosto e de desgosto –, bem antes de se cristalizarem como conflitos de interesses. Há dez anos, o biológico ainda era confundido com a "biologia", circunscrição da natureza conhecida pela Ciência. Era preciso escapar dessa circunscrição a todo custo, se houvesse o desejo de apegar-se aos valores, ao simbólico, ao humano, ao espiritual etc. Hoje, não há uma obra, uma publicação, um festival que não fale dos "seres vivos". Mas já não são os mesmos seres vivos de outrora. O que se quer é ligar-se a eles, inserir-se em seus atalhos e meandros, aprender com eles quais são os fios que tecem o mundo. As mesmas bactérias intestinais que eram menosprezadas são acolhidas, hoje, quase com desejo! É com todos os seres vivos que se quer reaprender os valores, a simbólica, o humano, o espiritual outrora erroneamente situado *à parte* da "biologia". Mudança de tom, de estilo, de atitude, mudança de sensibilidade, que Donna Haraway tentava havia muito tempo e que muitos outros autores prosseguiram. A partir de então, os seres vivos transpõem em muito a estreita circunscrição apenas da biologia. É o mais estimulante sintoma da mudança do mundo e que permitirá à classe ecológica passar de simples discussões, por exemplo, sobre o consumo de carne para verdadeiros conflitos de classes.

IX
Conquistar o poder, mas qual?

57

Toda a história dos movimentos sociais mostra que é preciso muito tempo para fazer, mesmo que aproximadamente, com que as maneiras, os valores, as culturas se alinhem à lógica dos interesses; em seguida, para identificar os amigos e os inimigos; depois, para desenvolver a tal "consciência de classe"; e, finalmente, para inventar uma oferta política que permita às classes exprimirem seus conflitos sob uma forma instituída. A luta das ideias, portanto, forçosamente precede em muito o processo eleitoral. É ilusório pensar que seja possível lançar-se em eleições negligenciando a enorme preparação que, só ela, permite discernir os aliados potenciais e os adversários. Não havendo esse trabalho, os sucessos eleitorais, mesmo que úteis como aprendizagem e propaganda, não poderão se estender muito. De todo modo, de que serviria ocupar o Estado sem ter na retaguarda classes *suficientemente preparadas e motivadas* para *aceitar os sacrifícios* que o novo poder, em luta com o regime de produção, deverá lhes impor?

58

Pode parecer incongruente exigir que ativistas que deixaram o sistema, romperam com o Estado, evitaram apelar para as instituições de repente se alinhem para conquistar a hegemonia gramsciana! Todos aqueles que continuavam a funcionar no ritmo da produção disseram-lhes que eles estavam "se marginalizando", e muitos daqueles que eram assim acusados reivindicaram ser, de fato, "marginais". Mas no caminho ocorreu algo estranho: todas as lutas que pareciam situar-se nas margens tornaram-se *centrais* para a sobrevivência de todos. Espantosa inversão, que faz de cada ex-marginal o vetor de um combate que será preciso travar, mas *em grande escala* e com muita gente. Há aqui um problema de orientação acompanhado por uma modificação de afetos. Como fazer para que as margens – a antiga periferia, o mundo do qual se vive – se tornem o centro de todas as atenções e como requalificar os sentimentos associados à *marginalidade* ligando-os à busca pelo poder?

59

O desenvolvimento da classe ecológica padece de um problema inabitual na história social: está voltada para duas frentes a que tudo se contrapõe. Por um lado, ela deve querer conquistar o poder contra as classes que hoje o ocupam e que fracassaram; por outro, deve querer modificar completamente a organização dele. Claro que cada classe prevê desmantelar a organização administrativa da classe precedente, que ela acha por demais desfavorável a seus interesses. Mas até então, afinal de contas, sempre se tratava de distribuir de maneira diferente, de ampliar, de reorganizar as forças produtivas ou, mais raramente, de distribuir seus bens mais justamente. Os leninistas talvez esperassem a "extinção do Estado", mas, ao mesmo tempo, contavam com o inevitável crescimento das forças de produção; não havia nesse ponto uma tensão real. Como imaginar a organização de um poder que se fizesse *contra* a produção e, portanto, se voltasse para dirigir-se a suas antigas margens?

60

As antigas classes dirigentes conseguiam apontar para um único horizonte – sempre rejeitado. Quando se pretende juntar o mundo no qual se vive e aquele do qual se vive, é preciso definir *dois* mundos, um em luta com o outro. Conviria dispor pelo menos de uma *imagem* dessa luta em duas frentes. Imaginemos um círculo cujo contorno é traçado em linha bem fina. No início, a espessura dessa borda não parece ter importância, é dada como certa, pontilhada. É para o centro, para a produção infinita que a atenção está dirigida. Depois, com o tempo, essa borda se torna tão fina que ameaça desaparecer. De repente, "marginais" se voltam dirigindo-se novamente para a borda, logo seguidos por massas cada vez mais numerosas. O que era recurso e exigia ser *extraído* torna-se o objeto das maiores preocupações, a tal ponto que é esse contorno que se torna o *centro* de toda a atenção. O antigo contorno engrossa cada vez mais, se entrelaça, se carrega, se repovoa, a ponto de começar a ameaçar, a sufocar, a estrangular o centro, o antigo centro, aquele que ameaçava sufocá-lo! São esses os dois horizontes, os dois sentidos da história, que ameaçam um ao outro. Ou você insiste para continuar em direção ao centro, mas a borda se oporá; ou você faz tudo para alargar e complicar a borda, mas o centro se oporá.

61

O que complica ainda mais a busca pelo poder é que, quando a classe ecológica tenta fazer coincidir o mundo do qual se vive e o mundo no qual se vive, ela reabre, para cada tema, as questões de geopolítica, de comércio e de direito internacional, assim como as fronteiras e o tipo de ocupação dos solos próprio dos Estados-nações. Está estabelecido, realmente, que o Estado atual foi projetado para permitir que as classes dominantes exercessem seu monopólio e lhes permitir primeiro a modernização, depois a globalização. Ele não é de modo algum projetado para as necessidades da nova classe ecológica. Essa inadaptação é patente na formação de seu pessoal, na oferta política que lhe permite definir a tarefa dos governos, assim como em sua inscrição territorial. Além disso, a nova relação exigida pela inserção do mundo do qual se vive *dentro da lógica* do mundo no qual se vive não *condiz com* a distinção e a ligação entre o interior e o exterior que tradicionalmente define o *monopólio* do poder nos Estados-nações (polícia, impostos, exército) e o sentido da palavra "regalengo". Ao contrário, o Estado-nação *permite* a ruptura radical entre os dois mundos, que se trata justamente de atenuar. O papel do Estado sendo diferente, também é diferente a definição do monopólio que ele representa, assim como a nova distribuição entre política "estrangeira" e política "nacional" que a classe ecológica busca operar.

62

O zoneamento e a pavimentação dos Estados-nações organizaram uma forma de apreensão do planeta que se opõe frontalmente à possibilidade de reconectar os dois mundos; com isso, a classe ecológica deve abordar as controvérsias sobre as próprias *condições do planeta* e, ao mesmo tempo, sobre a função dos Estados. E isso tanto mais quanto a degradação da "ordem internacional" baseada no desenvolvimento e na globalização se acelera debaixo dos nossos olhos, sem que se possa imaginar uma retomada das antigas relações "supranacionais" ou "interestatais". Por enquanto marginalizada pela oferta política, é sobre essas questões de remodelação da ordem nacional e de redistribuição das "conexões com a terra" que a classe ecológica terá legitimidade para definir *o*, ou melhor, *os* sentidos da história. No entanto, à maneira dos liberalismos e dos socialismos, porém num sentido completamente diferente, ela de fato reabre a questão da *universalidade* e estuda como tornar *interdependentes* múltiplas formas de poder. Mas, como ela se baseia por definição na sobreposição dos territórios que avançam mutuamente uns sobre os outros e como está entalada entre duas direções que podem sufocar uma à outra, ela não pode respeitar nenhuma das barreiras clássicas impostas pelo zoneamento herdado dos Estados modernos. Mais do que um tabuleiro de xadrez, o espaço que ela se encarrega agora de representar parece um casaco remendado como o de Arlequim.

63

Embora a forma desse monopólio do poder seja diferente da tradição política, a classe ecológica deve orientar-se também para a *conquista* desse monopólio a ser renovado, sob pena de se reduzir à impotência. Para ela, todas as questões são *geopolítica,* e cada uma obriga a uma redecupagem das conexões com a terra pelos Estados. Daí a dificuldade particular que ela tem de buscar o poder. E isso, modificando seu perímetro para que o aparelho de Estado que ela quer ocupar defina de modo diferente suas funções, seu modo de agir, assim como a forma dos territórios sobre os quais exercerá seu poder. Em outras palavras, a classe ecológica só pode pretender definir a política acalentando sua marginalidade ou fingindo-se indiferente às instituições e ao funcionamento dos Estados atuais. Ela deve ocupá-lo em todos os níveis e em todas as funções.

64

Além de as relações entre o exterior e o interior se alterarem, também o uso da métrica clássica que permite passar do local ao global perde todo o sentido. Esse modelo cartográfico nasce com a produção e se desenvolve para ela. É essa temível mudança de escala imposta pelas necessidades da produção que estrutura todas as relações, pela pergunta fatal: "*Is it scalable?*" Mas as práticas de engendramento caminham em outro sentido e exigem tantos instrumentos de medida quantas são as situações. Portanto, a luta contra o que Anna Tsing denomina "escalabilidade" é central. A ecologia não é local nem global, mas em todas as escalas, e suas métricas variam em função de cada objeto de estudo e de cada objeto de discussão. Ela não pode continuar sendo paralisada pelo localismo ou, vice-versa, pela brutal obrigação de "crescer em generalidade" conforme as antigas maneiras de pensar a sociedade ou a natureza "como um todo". Deve desenvolver suas próprias maneiras de *compor* coletivos e de formar "totalidades". É uma lição da qual o vírus nos lembra todos os dias!

65

Felizmente há a Europa. Há nessa "coisa" enorme, apesar de todos os defeitos de sua burocracia, se não uma fonte de esperança, pelo menos uma experimentação de todos os novos conflitos de geopolítica em que a classe ecológica está inserida. Imensa vantagem poder contar com essa potência que tentou sucessivamente o supra-, depois o inter-nacional e que nem por isso é sequer o nacional. Uma potência hesitante, que nem mesmo tem *lugar* – a menos que se considere um centro administrativo em Bruxelas como a capital de um império! A Europa unida é justamente encantadoramente desunida, mas já completamente distante de um Estado à antiga, para distribuir pedaço por pedaço os ingredientes que as novas formas de poder deverão juntar de maneira diferente. A agricultura, a água, os poluentes, os *lobbies*, as estradas, os trens, tudo passa por ela, mas, a cada vez, os objetos em questão, cortados em mil parcelas, são negociados, discutidos, misturados, afogados de tal maneira que nenhum Estado possa declará-los *seus*. Assim, já não há assunto que seja verdadeiramente estrangeiro e nem que seja verdadeiramente nacional. A Europa unida é, para a classe ecológica, o exemplo de uma experiência em tamanho natural na qual a redistribuição do interior e do exterior dos Estados lhe prepara o papel de futura classe-pivô capaz de carrear atrás de si as outras classes. Às vezes incluem-se no mesmo desprezo a ecologia e a Europa unida, mas é justamente porque são *mais racionais* do que aqueles que pretendem proceder melhor do que elas. Sob condição de reivindicar orgulhosamente essa racionalidade superior.

X
Preencher por baixo o vazio do espaço público

66

Infelizmente, a classe ecológica procura tomar consciência de si mesma no momento exato em que a vida política está mais sinistra. Não só por causa da dissolução dos antigos partidos; não só por causa da evisceração contínua do Estado, mas porque o próprio *político*, mistura complexa de atitudes, de hábitos, de afeto, de análises, essa curiosa maneira, adquirida ao longo dos anos, de se desafiar uns aos outros, está prestes a desaparecer. Justo no momento em que precisaríamos de um influxo maciço de energia política, esta nos falta, por não ter sido alimentada. A não ser que os dois fenômenos estejam ligados: o que esvaziou a política foi que, há trinta anos, o Novo Regime Climático tem um peso cada vez maior em todas as análises de interesses, em todas as relações de classes, em todas as emoções, mas nada foi feito para metabolizar seus efeitos espantosos. Daí o vazio assustador do espaço público. É esse vazio que a classe ecológica aspira a preencher.

67

Mas sob condição de preenchê-lo por baixo, ou seja, pela *descrição* do mundo material no qual se encontram os habitantes, expulsos de sua antiga cosmologia para uma outra que ainda não aprenderam a explorar. É nesse sentido que a classe ecológica retoma a tradição *materialista*. Vamos repassar em sentido inverso toda a sequência: para votar, são necessários *partidos*; para que haja partidos, é necessário que as *reivindicações* tenham sido reunidas, formuladas e fixadas em espécies de programas; para que haja reivindicações, é preciso que cada um possa definir seus *interesses* que lhe possibilitem traçar a frente dos aliados potenciais e dos adversários; mas como ter interesses se você não consegue descrever com detalhes suficientes as situações concretas em que está mergulhado? Se você não sabe *do que depende*, como saberá o que precisa *defender*? Ora, falta essa primeira etapa, por causa da rapidez e principalmente da extensão da mudança em curso. Por conseguinte, o resto não prossegue. Portanto, é por essas raízes que se deve começar – pelas *grass roots*[8].

68

Na ausência de um sentimento partilhado, comprovável, demonstrável dos interesses, de seus conflitos e de suas intercalações, só resta aos participantes, que já não ousamos denominar exatamente "cidadãos", caírem nas mais tristes de todas

---

8 Em inglês no texto. Literalmente, *raízes de grama*, expressão idiomática que significa "as bases", "o pessoal de base", "o básico" [N.T.].

as paixões: *queixas* e *recriminações*. O mais desanimador é que essas queixas se dirigem a uma entidade misteriosa que seria capaz de satisfazer os queixosos. Mas infelizmente esse agente mítico é o antigo Estado projetado para as antigas classes dirigentes e hoje reduzido a um *fantasma*. Uns, embaixo, já não sabem articular suas reivindicações por não saberem exatamente onde se encontram e, portanto, não saberem quais são seus inimigos; os outros, em cima, são incapazes de escutar o que lhes solicitam e continuam respondendo com os instrumentos embotados do Estado outrora modernizador. São mudos falando com surdos. E, é claro, a situação piora a cada ciclo, os mudos cada vez mais furiosos por não serem ouvidos; os surdos, por não se acolherem suas soluções convenientemente. Daí essa impressão de que o espaço público se tornou de uma brutalidade insuportável. Não adianta acusar as redes sociais, queixar-se da "escalada das incivilidades", a crise é muito mais profunda: houve um Estado da reconstrução, um Estado da modernização, um Estado (muito abalado) da globalização, não há *um Estado da ecologização*. Nenhum funcionário, nenhum eleito consegue dizer como passar do *crescimento* – e as misérias que lhe são associadas – para a *prosperidade* – e os sacrifícios que lhe são associados.

69

A definição dos interesses, limitada até agora pelo domínio da economia, pode ser liberada pelo deslocamento cosmológico em curso. Ao modificar a definição do território, de seus componentes, de seus comensais, do que permite as práticas de engendramento, você modificará também a definição dos interesses assim como a forma do solo que você habita. Seu território é *aquilo de que você depende*, por mais longe que seja preciso chegar para sentir o que sustenta você. Por isso um intenso trabalho de *descrição* das situações vividas constitui a etapa indispensável antes da emergência de uma classe que se reconheça como capaz de definir o sentido da história. A descrição das condições de vida é antes de tudo uma *autodescrição*, que revela o desequilíbrio entre o mundo no qual você vive e o mundo do qual vive, e, portanto, redesenha quem você é, em que território, em que época e em direção a que horizonte você se prepara para agir.

70

Descrever não é apenas ver-se a partir do exterior, objetivamente, é também identificar-se e orientar-se com e contra os outros que estão passando *pelas mesmas provas* de autodescrição. Essas descrições partilhadas acarretam, então, uma profunda transformação das posições de cada um e dos afetos políticos associados à mudança cosmológica. É apenas depois que os vínculos de interdependência com as práticas de engendramento se multiplicam que se começam a distinguir as muitas linhas divisórias entre continuar na direção da produção ou se apegar a manter as condições de habitabilidade e a consequente prosperidade. Nesse sentido, os exercícios de autodescrição acompanham a *metamorfose* da situação política, que se desloca da produção para a manutenção da habitabilidade, *estendendo* o horizonte no qual se desenrola a história – e, portanto, a racionalidade ativa dos atores. Quanto mais eles se descrevem, mais articuladas são suas reivindicações, mais audíveis elas se tornam para os outros. Com essas descrições coletivas ocorre um pouco o mesmo que com os blocos de concreto que são imersos para dar aos crustáceos, às algas, aos corais e aos peixes a oportunidade de voltarem a se multiplicar. O político volta. O abismo entre os mudos e os surdos também diminui. Isso pode acontecer muito depressa.

71

Por outra falta de sorte, no exato momento em que mais se precisa, com respeito a todas essas questões, de novos métodos de pesquisa, a universidade foi devastada, o sistema de pesquisas sacrificado, a educação menosprezada. Ora, a classe ecológica tem necessidade de um sistema de pesquisas adaptado a essa transformação. A universidade continua sendo a de Humboldt, caricatura do movimento de modernização, com uma frente de ponta, a vanguarda da "pesquisa fundamental", que deveria *percolar* até a boa gente – assim como os lucros. Ora, as exigências da época são exatamente opostas: dada a ignorância esmagadora de todos nós a respeito do que significa habitar uma Terra que reage a nossas ações, é preciso *ainda mais* pesquisa *ainda mais* fundamental. Mas essa pesquisa básica deve vir *como apoio* a todos os que precisam ser ajudados na exploração de suas novas condições de vida. Longe do modelo de *percolação*, é o caminho mais curto entre as maiores exigências em pesquisa fundamental e a humildade das situações em que essa pesquisa é *posta à prova* que se deve percorrer para definir as inovações do futuro. A inversão do esquema de desenvolvimento vale para a pesquisa em ciências humanas, naturais ou híbridas tanto quanto para todo o resto. A arte delicada da *política científica* não é discutida comumente entre os ecologistas; sua importância, no entanto, é decisiva.

72

Conforme aponta John Dewey, "o Estado está sempre para ser reinventado", mas sempre lhe é necessário um *povo*, um *público* que o preceda, que lhe ensine e que o guie. Ele é apenas seu delegado provisório e facilmente corruptível. Esse povo é o que a classe ecológica deverá aceitar representar, se ela desempenhar seu papel de nova classe-pivô. As outras classes, até agora, eram convidadas a *seguir* as classes dirigentes no caminho da modernização, de que elas deveriam partilhar os benefícios ou receber as migalhas. A questão toda é saber se os interesses dessas classes podem repercutir os interesses da classe ecológica. Até agora, esta ainda não soube alinhar sua luta contra a produção com as preocupações, desejos, hábitos, interesses *atuais* das outras classes. E, no entanto, o apoio dessas classes é indispensável para aceitar os imensos sacrifícios pelos quais será preciso passar para mudar de regime. Se você acha difícil viver a pandemia, imagine uma situação em que as medidas a serem tomadas seriam cem vezes mais rigorosas quanto aos assuntos que prezamos tanto quanto a saúde. E sem sequer um Estado vagamente legítimo para propô-las – que dirá impô-las.

73

Apesar das aparências, a classe ecológica procura resistir à hierarquia imposta pelas antigas classes dirigentes. Para elas, havia a vanguarda e a retaguarda. Supunha-se que os avanços do desenvolvimento proporiam um arranjo que seria aceitável para todas as classes chamadas a se desenvolver em acordo na mesma direção. Mas a nova luta de classes rompeu essa ordem. Caminhar para o *envolvimento* ou para o *desenvolvimento* exigem mapas completamente diferentes. A classe ecológica define de modo totalmente diferente a antiga retaguarda: a sociedade, mais uma vez retomando Polanyi, sempre *resistiu* à economização. E as chamadas "classes populares" sempre foram as primeiras a resistir, sem esquecer que são elas que sofrem diretamente as consequências do sistema de destruição. Longe de ser uma questão *natureba*, a classe ecológica simplesmente reata com a ancestral de resistência ao absurdo da economização que pretende aniquilar os laços antropológicos. Ela reconhece na antiga vanguarda os que estão muito *mais prontos* a querer resolver as questões de habitabilidade do que as ex-classes dirigentes e, além disso, *muito mais próximos* das antigas margens. É esse deslocamento que torna a classe ecológica *realmente*, e não potencialmente, majoritária. Os ecologistas não atraem *para si* as outras classes, ao contrário, finalmente eles vão ao encontro delas.

74

É nesse ponto decisivo que funcionam os conflitos: o primeiro conflito entre as classes definido à maneira antiga e o conflito de *segunda ordem*, entre as classes tradicionais e a redistribuição das *classificações* que a ecologia política opera na busca de seus aliados. Pessoas opostas em tudo por seu pertencimento de classe encontram-se próximas de seus "inimigos de classe" quando irrompem as questões ecológicas; e, inversamente, pessoas próximas transformam-se em inimigos ferrenhos. Mas essas mudanças de filiação não se podem fazer sem o trabalho do político, que permite que uns se indisponham contra os outros inventando procedimentos, contextos, locais, oportunidades para permitir que o trabalho de redescrição passe da visão convencional do mundo social para uma versão mais bem articulada e mais realista. É preciso muito pouco tempo, contanto que se encontre um procedimento idôneo, para transformar completamente a cartografia dos aliados e dos adversários. A invenção desses procedimentos é que acabará decidindo pelo sucesso ou fracasso da redistribuição em curso em favor da classe ecológica e de seu papel de classe-pivô.

75

É apenas numa densa névoa que podemos adivinhar a emergência dessa classe ecológica. Daí a utilidade de buscar paralelos, seja observando a história das classes sociais e culturais, seja buscando no processo de civilização, comparando seus combates para definir a política com os da classe burguesa na época em que ela aparecia como portadora da razão moderna. É óbvio que tudo acontecerá de maneira diferente. Por isso é preciso estar pronto para aproveitar as oportunidades imprevistas.

76

À força de montar a lista de todos os pontos que será preciso trabalhar em comum para fazer surgir a tal consciência de classe, seria possível tirar a desanimadora conclusão de que há tanto a ser mudado, e sobre questões tão diversas, que a classe ecológica não tem nenhuma possibilidade de chegar a rivalizar com as atuais classes dirigentes. Ainda mais porque lhe falta tempo. Mas, por outro lado, provavelmente tudo já está decidido, pois no fundo de si mesmas as pessoas compreenderam que mudaram de mundo e que habitam uma outra Terra. Conforme destacava Paul Veyne, às vezes as grandes alterações são tão simples quanto o movimento que fazemos para virar na cama quando estamos dormindo...

Posfácio da tradução inglesa

Será a ecologia sempre política, como tem sido?

Há momentos em que é tentador nos entregarmos ao desespero. Certamente é o que acontece com muitos de nós atualmente, ao vermos que as pessoas que tentam se desvencilhar das trágicas confusões da mudança climática agora também são obrigadas a compartilhar a experiência traumática de uma nova guerra europeia de conquista e aniquilação.

Para os autores do texto acima, é mais um motivo de lástima: nunca a ideia de uma "classe ecológica consciente e orgulhosa de si mesma" pareceu tão remota! Sobretudo na França, onde, poucos meses depois da publicação do livro, verificou-se que nas eleições nacionais os Verdes não conseguiram sequer chegar à faixa dos 5% que lhes permitiria ter seus *custos* reembolsados pelo Estado. Orgulho, é o que se diz? Mais parece vergonha! Vergonha pela incapacidade de reagir efetivamente à tirania de um déspota russo, e vergonha, mais uma vez, por não estar à altura da tarefa de mobilizar as energias adequadas para enfrentar a guerra do clima travada por muitos outros déspotas.

O que é tão aterrador para os europeus é constatar que, nos últimos meses, eles provavelmente viveram o fim de um período que, doravante, será conhecido como um novo "entreguerras". Em 1940, as gerações mais velhas constataram, para seu grande desencanto, que um período entreguerras se encerrara dramaticamente. Da mesma maneira, em 2022 constatamos, com o mesmo desencanto, que o período iniciado em 1945 está se encerrando. Fim do parêntese.

A razão pela qual provavelmente não erramos inteiramente em nossa tentativa de buscar uma "classe ecológica" é que uma grande parte dos conflitos ecológicos está agora incluída na estranha guerra que fecha este novo parêntese.

Assim como a covid nos conferiu, em apenas algumas semanas, uma nova compreensão dos muitos micro-organismos com que vivemos e mostrou a velocidade com que nações inteiras foram capazes de reagir a uma nova ameaça, a guerra em solo europeu obrigou a uma reavaliação das condições materiais da prosperidade europeia e nos mostrou, mais uma vez, a rapidez com que Estados e povos se prepararam para lidar com uma nova tragédia.

Poucos dias depois da invasão da Ucrânia pelos tanques de Putin, marcados com o mórbido Z, ficou claro para todos que financiar o ditador com a quantia exorbitante de centenas de milhões de euros comprando seu petróleo e seu gás dava à guerra um aspecto ainda mais monstruoso e burlesco. Alguma coisa precisava ser feita para livrar os europeus, o mais depressa possível, da dependência das importações de petróleo e de gás russos. Assim, um movimento que começara como uma decisão *militar* para manter a autonomia e proteger a soberania europeia foi capaz, de repente, de se transformar numa decisão *ecológica* para, finalmente, conseguir uma substituição dos combustíveis à base de carbono, reivindicada pelos ativistas havia anos, sem demover os Estados europeus de sua condescendência. Em prol da Ucrânia, um item fundamental do programa dos ecologistas tinha de ser cumprido com a maior urgência possível, sendo que se mostrara impossível de ser realizado "em prol do planeta". Os dois tipos de guerra, uma pelo clima e a outra por uma nação europeia livre, tiveram de se fundir parcialmente.

Até hoje não temos nenhuma prova de que, de fato, algo será feito com a velocidade suficiente para destituir a Rússia do dinheiro do petróleo antes que a guerra termine, especialmente agora que se ouve a palavra de ordem *drill baby drill*[9] por

---

9 *Drill, baby, drill* (literalmente, "perfura, querido, perfura"), *slogan* de campanha do partido republi-

toda parte, em meio ao pânico das nações em busca de energia. Porém o que mudou o jogo mais definitivamente é o fato de agora estar claro para todos que há *dois tipos* de conflito territorial com muitas características coincidentes. Há o conflito travado por um império como a Rússia para invadir, ocupar, destruir e aniquilar outro país, e os conflitos que os países industriais travam uns contra os outros e o resto do mundo, mediante inúmeras decisões sobre energia, finanças, poluição e comércio, para invadir, ocupar, destruir e aniquilar outros territórios e as formas de vida que os tornaram habitáveis. Além de tudo isso, nos dois tipos de guerra a ameaça de aniquilação se amplia, seja pelo recurso reiterado a armas atômicas, seja pela destruição sem trégua da biosfera. Dois Armagedom ao mesmo tempo e mais uma pandemia – é muito difícil de engolir.

---

cano nas eleições presidenciais dos Estados Unidos em 2008, expressando seu plano de aumento das fontes de energia por meio do incremento das sondagens de petróleo [N.T.].

Em nosso memorando, dizemos que os ecologistas têm a maior dificuldade em alinhar o público em geral à categoria de afetos necessários para se afastar da obsessão pela produção. Quando a guerra começou, vimos um exemplo de que o *primeiro* tipo de guerra territorial desencadeia paixões muito mais mobilizadoras do que o *segundo* tipo de invasão territorial. Os Estados e a opinião pública quase que souberam de imediato como se conduzir coletivamente para ajudar a Ucrânia, como abrir fronteiras para os refugiados, enviar armas, obstruir a economia russa por meio de decisões rápidas – e tomara que ainda o façamos. Não se viram ímpetos semelhantes, nem decisões rápidas por parte dos estados, nem aprovação unânime, nem apelos para aceitar sacrifícios nos outros conflitos, que, ao contrário, foram marcados por anos de procedimentos lamentavelmente lentos, hesitantes, com interrupções constantes. Num caso, as pessoas são mobilizadas rápida e intensamente; no outro, o nome do percurso é vacilação.

Em determinado aspecto, isso é bom. A ecologia não deveria acionar os mesmos tipos de paixões que a guerra de trincheiras, já que as tarefas exigidas para recuperar e manter a habitabilidade de um território são fundamentalmente diferentes daquelas implicadas na produção, na ocupação e na guerra, em sua versão terrivelmente clássica. Isso significa, no entanto, que continua sendo fundamental explorar, aprimorar, ampliar, popularizar as paixões necessárias para combater esses dois conflitos territoriais, enleados como estão um ao outro, sem se ater ao etos militarista. Qual o equipamento mais afetivo e efetivo para os "guerreiros" ecológicos?

Testemunhar o fim deste novo entreguerras é constatar, finalmente, que nada há nas questões ecológicas que *não* diga respeito à dominação de um território sobre outro. Ou seja, as reivindicações ecológicas, atualmente, estão nitidamente aprofundando, agravando, disseminando e intensificando as mais clássicas questões *geopolíticas*. Embora hoje esteja claro que questões ecológicas dizem respeito a soberania, autonomia, relações internacionais, comércio e estratégia militar, tanto quanto a cuidar da terra e a fazer com que o planeta volte a se tornar habitável, até agora não há uma maneira amplamente concordante de integrar todos esses objetivos contraditórios numa única definição coerente de política.

Seria muito reconfortante dizer que, uma vez que a ecologia e a civilização são *concomitantes*, já não há necessidade de fazer distinção entre o que é economia, o que é justiça social, o que é defesa e guerra e o que é cuidar da natureza.

Poderíamos então lançar mão de uma definição muito mais antiga da política tal como simbolizada na alegoria de Bom e Mau Governo, encontrada em Siena. É verdade que, naquele famoso afresco, não há divisão artificial entre o que se refere a comércio, arquitetura, paisagem, arte, agricultura ou vida cívica. Na próspera situação administrada pelo Bom Governo, todos esses aspectos estão reunidos, assim como todos são destruídos juntos – terra, cidades, paisagens e relações sociais –, na situação decadente administrada pelo Mau Governo. É como se Lorenzetti tivesse pintado na metade distópica de seu díptico uma visão atual de Marioupol ou Sievierodonetsk – imagem do tirano, incluindo sua comitiva. Se pelo menos pudéssemos trazer de volta essa noção mais antiga do que é uma boa política, poderíamos até nos desvencilhar do rótulo "ecologia"!

No entanto, hoje é impossível dizer que quanto mais a "classe ecológica" se torna "consciente e orgulhosa" de si mesma, menos ela tem necessidade de *especificar* suas metas, simplesmente assimilando a mais delicada tarefa de todas: garantir que os hábitos de *um bom* governo sejam mantidos. Infelizmente, conforme argumentamos em nosso memorando, cada item do equipamento necessário para enfrentar esses diversos tipos de conflito territorial deve ser redefinido: o que é um Estado, o que é um território, o que significa liberdade, o que é um sujeito, o que é um cidadão e, o mais importante, quais são as classes capazes de estabelecer todas essas várias linhas de frente ao mesmo tempo? A razão pela qual todas essas questões devem ser discutidas coletivamente é que até hoje a ecologia continua alterando profundamente o próprio conteúdo do que se espera na política. No fim deste novo entreguerras, ainda mais do que antes, a "ecologia política" continua denominando uma zona de guerra.

Conecte-se conosco:

- **f**   facebook.com/editoravozes
- 📷   @editoravozes
- 🐦   @editora_vozes
- ▶   youtube.com/editoravozes
- 🟢   +55 24 2233-9033

www.vozes.com.br

Conheça nossas lojas:

www.livrariavozes.com.br

Belo Horizonte – Brasília – Campinas – Cuiabá – Curitiba
Fortaleza – Juiz de Fora – Petrópolis – Recife – São Paulo

EDITORA VOZES LTDA.
Rua Frei Luís, 100 – Centro – Cep 25689-900 – Petrópolis, RJ
Tel.: (24) 2233-9000 – E-mail: vendas@vozes.com.br